漫画
万物简史

千万不能
没有肥皂

[英]亚历克斯·伍尔夫 著

[英]马克·柏金 绘

蒋琳 译

中信出版集团 | 北京

图书在版编目（CIP）数据

千万不能没有肥皂 / (英) 亚历克斯·伍尔夫著；
(英) 马克·柏金绘；蒋琳译 . -- 北京：中信出版社，
2022.6
（漫画万物简史）
书名原文：You Wouldn't Want to Live Without
Soap!
ISBN 978-7-5217-4047-9

Ⅰ.①千… Ⅱ.①亚…②马…③蒋… Ⅲ.①肥皂—
青少年读物 Ⅳ.① TQ648.6-49

中国版本图书馆 CIP 数据核字 (2022) 第 035789 号

You Wouldn't Want to Live Without Soap! © The Salariya Book Company Limited 2016
The simplified Chinese translation rights arranged through Rightol Media
Simplified Chinese translation copyright © 2022 by CITIC Press Corporation
All rights reserved.

本书仅限中国大陆地区发行销售

千万不能没有肥皂
（漫画万物简史）

著　者：〔英〕亚历克斯·伍尔夫
绘　者：〔英〕马克·柏金
译　者：蒋　琳
出版发行：中信出版集团股份有限公司
　　　　　（北京市朝阳区惠新东街甲 4 号富盛大厦 2 座　邮编　100029）
承 印 者：北京尚唐印刷包装有限公司

开　本：889mm×1194mm　1/20　　印　张：2　　字　数：65 千字
版　次：2022 年 6 月第 1 版　　　　印　次：2022 年 6 月第 1 次印刷
京权图字：01-2022-1462
书　号：ISBN 978-7-5217-4047-9
定　价：18.00 元

出　品：中信儿童书店
图书策划：火麒麟
策划编辑：范　萍
执行策划编辑：郭雅亭
责任编辑：房　阳
营销编辑：杨　扬
封面设计：佟　坤
内文排版：柒拾叁号工作室

版权所有·侵权必究
如有印刷、装订问题，本公司负责调换。
服务热线：400-600-8099
投稿邮箱：author@citicpub.com

传统洗衣器械

在洗衣机问世之前，洗衣服这项工作曾经由几组设备部件配合手洗完成。

轧布机：也被称为绞拧机，这是一种手动设备，可以把湿衣服里的水分挤压出来。

螺丝：调整滚筒压力。

滚筒

手摇柄

木棒：这个用来打掉衣服上的污垢。

洗衣盆

搅棍：手洗衣服时一根用来捶捣或搅衣物的棍子。半球形的一端是用铜做的。

搓衣板：一种长方形的木制板，上面有一系列的脊（由木头、金属或玻璃制成），用来摩擦衣服。

肥皂大事记

约公元前 2800 年

古巴比伦人制造出了肥皂。

公元前 312 年

第一个由渡槽供水的古罗马公共浴室建成。

1608 年

美洲开始制造商用肥皂。

1823 年

法国化学家米歇尔·谢弗勒尔研究出了皂化过程。

约公元前 1550 年

古埃及人用油和碱性盐制作了肥皂。

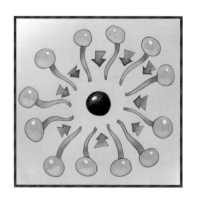

1791 年

法国化学家尼古拉斯·卢布朗为一种制作碳酸钠的廉价方法申请了专利,这是一种制作肥皂的原料。

公元 13 世纪

英国人批量生产肥皂作为商品销售。

1861 年

比利时化学家欧内斯特·索尔维发现了一种更廉价的制作碳酸钠的方法。

20 世纪初

第一种化学合成的洗涤剂在德国研发完成。

20 世纪 70—90 年代

液体的冷水用洗涤剂、洗手液和凝胶状的洗涤剂相继面世。

1886 年

美国人约瑟芬·科克伦发明了第一台自动洗碗机。

20 世纪 50 年代

洗碗机用洗涤剂研发完成。

21 世纪

一次性湿巾和环保洗涤剂相继面世。

目录

导言   1

没有肥皂时，人们怎么去除污垢？   2

病原体是如何传播的？   4

肥皂是如何去污的？   6

肥皂是什么时候发明的？   8

肥皂是什么时候流行起来的？   10

肥皂是如何制作的？   12

过去人们是怎样洗衣服的？   14

肥皂是如何帮助清洗衣服的？   16

肥皂是如何帮助洗碗的？   18

洗涤剂还有哪些用途？   20

用过的肥皂去哪儿了？   22

我们有多需要肥皂？   24

词汇表   26

历史上爱干净的代表   28

阿勒颇肥皂   29

你知道吗？   30

导言

你在洗手的时候，有没有琢磨过正在用的肥皂？只用水清洁不就好了吗？肥皂的作用是什么？它又对清洁过程有什么帮助呢？

在这本书里，我们将学习关于肥皂的知识——它是什么，它是如何制造的及它的清洁原理是什么。我们将回顾肥皂的历史并且了解它出现之前的生活是怎样的。我们还会了解它的各种用途。它不仅可以用来清洁身体，还能用来清洗全家人的衣服、餐具、汽车、地毯和宠物，甚至还有更多令人吃惊的用途。欢迎来到迷人的、引人注目的、非常干净的肥皂世界……

我们一直在用肥皂，却很少关注它。然而，没有它，我们的世界将会变得又脏又危险。我们洗澡可能会更快，但我们的衣服和身体会更臭，而且我们生病的时间会变多，因为致病菌将更容易传播。

没有肥皂时，人们怎么去除污垢？

想象一个没有肥皂的世界。我们洗澡只用水，但水的清洁效果并不好。我们将不得不学会在生活中面对更多的污垢。致病菌在人与人之间更容易传播，经由我们的手再到我们吃的食物，这会导致更多的疾病。致病菌会在我们的衣服、毛巾、床上，以及不太干净的厨房台面、盘子、杯子和砧板上安家。简而言之，如果没有肥皂，我们的健康状况会差很多。

然而肥皂并不是天然存在的，甚至在肥皂发明之后，也不是所有人都会使用它。人们还有其他保持清洁的方法。

"脏脏"的古希腊人。古希腊人洗澡，但不用肥皂。他们用黏土块、沙子、浮石和草木灰清洁自己的身体，然后全身涂满芳香的油。他们用一种叫刮身板的金属工具刮去身上的油和污垢。

刮身板

我一直在想我们用脚踩的东西是什么。

算了，还是别想了！

看这里！

出自 1867 年出版的女性杂志：
"如果你想拥有一头秀发……只要用冷却的浓红茶洗头发就可以了，其他东西都不要用。每晚睡觉前用红茶按摩发根直至吸收即可。"

咔！

用尿液清洁。古罗马人会把衣服浸泡在一种尿液和水的混合物中（上图）。尿液中的氨可去除衣服上的污垢。当时人们会把便壶放在街角，以便收集尿液。

维多利亚时期的洗发方式。19 世纪，在发明洗发水之前，人们用许多不同寻常的东西来清洗头发，比如柠檬汁、红茶、迷迭香和蛋黄。

熏香式清洁。纳米比亚的辛巴族人很少用水洗澡，因为那里的水太稀缺了。他们会坐在一个充满熏香烟雾的房间里，直到身体出汗，然后给身体涂上油脂和有香味的赭石粉末，让身体呈现出一种红色的光泽。

病原体是如何传播的?

要理解肥皂为什么如此重要，我们就需要了解病原体这种在显微镜下才能看见的入侵者，而肥皂可以帮我们清除它们。病原体是微小的生物，可以进入我们的身体，会使我们生病。病原体主要有细菌、病毒、真菌和寄生虫。打喷嚏或咳嗽时，病原体可以通过空气在人与人之间传播，甚至对着某个人呼气也可能传播病原体。它们也可以通过汗液、唾液和血液传播。防止病原体传播最好的方法之一是用肥皂和流动的水洗手。如果我们经常认真洗手，被病原体感染的可能性就大大降低了。

细菌是微小的单细胞生物，它们能在我们体内或体外存活。有些细菌会引发感染，导致喉咙痛、耳朵发炎和肺炎。但不是所有的细菌都是有害的，有些细菌会促进我们的消化。

病毒只能在活细胞内生长和复制。它们会引发水痘、麻疹、流感和许多其他疾病。

你在咳嗽或打喷嚏时，要用纸巾捂住口鼻，如果没有纸巾，要用胳膊捂住你的鼻子和嘴巴。

看这里！

何时要用肥皂洗手：
· 在你咳嗽或打喷嚏之后；
· 你吃东西或准备食物之前；
· 在你上厕所之后；
· 在你触摸过动物之后；
· 在你户外玩耍之后。

真菌外表看起来很像植物，但它既不是植物也不是动物，而是自成一界。它们从活着的或死亡的生物体上都能获取营养。它们喜欢潮湿温暖的环境。真菌会造成如皮癣之类的皮肤感染。

寄生虫是一种低等的真核生物具有致病性，可通过水源传播。有的寄生虫会造成肠道内的感染，引发多种症状。贾第虫病就是一种由寄生虫引发的疾病。

肥皂是如何去污的?

肥皂是一种由油脂（存在于动物或植物中的化学物质）和碱（一种会和酸发生中和反应的化学物质）相互作用生成的物质。为什么用肥皂要比只用水清洁得更好呢？这是因为，许多污垢都有油的成分，而水油不相溶，所以用水冲洗后仍会留下大部分污垢。肥皂会发挥作用是因为它的分子可以溶于水和油两种液体中，肥皂的分子可以融合水和污垢，所以当你冲洗掉肥皂泡沫时，污垢也随着被冲洗掉了。

①**"相爱相杀"的关系。** 肥皂分子的头部是亲水性的，所以它会连接水分子；肥皂分子的尾部是疏水性的（亲油性的），它会和污垢中的油相连。

②**形成胶团。** 当污垢和肥皂水混合后，肥皂分子会形成微小的胶团聚合物。亲水的分子头部朝外，和水的方向保持一致并形成了胶团的外围。疏水的尾部朝向油，将油锁在中心位置。

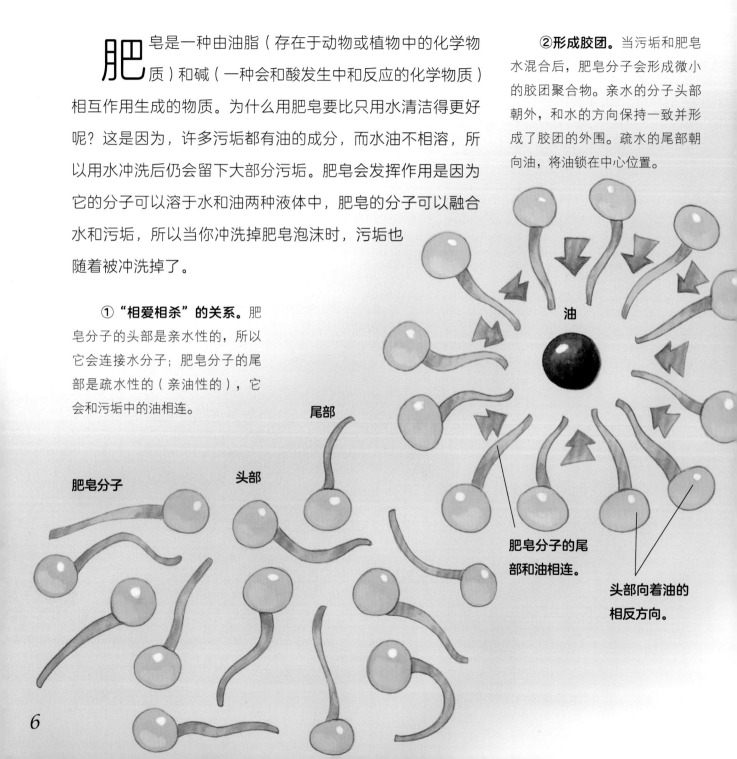

油

尾部

头部

肥皂分子

肥皂分子的尾部和油相连。

头部向着油的相反方向。

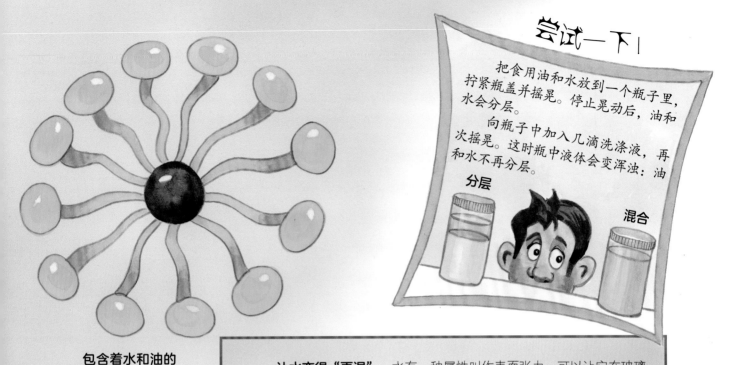

包含着水和油的
污垢胶团

尝试一下！

把食用油和水放到一个瓶子里，拧紧瓶盖并摇晃。停止晃动后，油和水会分层。

向瓶子中加入几滴洗涤液，再次摇晃。这时瓶中液体会变浑浊：油和水不再分层。

分层   混合

让水变得"更湿"。 水有一种属性叫作表面张力，可以让它在玻璃或纤维的表面形成水滴。肥皂是一种表面活性剂：它削弱了水的表面张力，使得水经过物体表面时更容易扩散。更易扩散的水会使得清洁更加有效。

③**冲洗。** 油被锁在胶团的中心，不再与水接触，这时肥皂就可以发挥它的作用了。当你用肥皂洗手的时候，皮肤上混合了油的污垢被吸入并困在胶团内，随之被冲洗掉。

表面张力使水形成水滴。

肥皂作为表面活性剂，

使水分子更容易扩散。

7

肥皂是什么时候发明的?

我们真的不知道肥皂发明的确切时间,但我们知道的是人们使用肥皂已经有至少 4800 年的历史了。约公元前 1550 年,古埃及人通过在油中加入碱性盐制作肥皂。尽管古罗马人刚开始不使用肥皂,而是更喜欢希腊式的油与刮身板搭配的方法,但他们是知道肥皂的。根据公元 1 世纪作家大普林尼的记录,日耳曼人和高卢人会使用肥皂,并且男性使用得比较多!

古巴比伦肥皂。最早关于肥皂制作的记载来自一块约公元前 2800 年的古巴比伦泥版。它描述了把动植物油脂混合草木灰煮沸的肥皂配方。

根据罗马传说，**"肥皂"**（soap）这个单词来自萨波山（Sapo），一座靠近罗马的虚构山峰。当雨水将来自萨波山山顶祭品的草木灰和动物脂肪混合流入台伯河时，洗衣服的妇女们发现了肥皂。

试试看！

看这里！

约公元前 2000 年的一条来自古埃及人的建议："如果在夏天要把一个人身体上的汗臭味去掉，用熏香、生菜、（一种未命名植物的）果实和没药★混合。然后把它抹在那个人的身上。"

*译者注：没药是一种热带树脂。

肥皂的衰败。 到公元 200 年，罗马人接受了使用肥皂。但当西罗马帝国在公元 476 年灭亡后，肥皂的地位也一落千丈。早期的基督教会并不鼓励沐浴。个人卫生水平的下降是中世纪的瘟疫的原因之一。

沐浴和肥皂是绝配！

配方保密。 在中世纪后期，肥皂变成了一种奢侈品。肥皂制作协会严密地保守他们的行业秘密。还在他们的配方中加入了香料。后来，这种用橄榄油和月桂油制作而成的"阿勒颇肥皂"从中东传到了欧洲。

肥皂是什么时候流行起来的?

在中世纪晚期，人们并不经常沐浴，因为人们相信他们会因为皮肤接触到水而感染疾病——这种想法起源于黑死病（鼠疫）流行时期。18世纪末，这种习惯才开始改变。化学的进步及时尚的变化将肥皂带到了大众眼前，而沐浴也变成了人们生活的常态。肥皂制造过程的一个大突破发生在18世纪90年代，生产碳酸钠的新方法诞生了，而它是制造肥皂的关键原料。

据说**女王伊丽莎白一世**（在位时间1558—1603年）曾经评论道："不管是否需要，我每个月都会沐浴一次。"

1791年，**法国化学家尼古拉斯·卢布朗**发现了一种用盐制作碳酸钠的廉价方法。但是他的工厂因法国大革命被没收了。

1823年，**法国化学家米歇尔·谢弗勒尔**研究出了皂化过程（见12—13页）。他活到了102岁。

为什么我没想到这一点呢？

1861 年，**比利时化学家欧内斯特·索尔维**发现了一种制作碳酸钠的更加廉价的方法。这种方法用的原材料为氨、石灰石和盐。这样一来，可怜的卢布朗的方法就不再被使用了。

原来如此！

在美洲，肥皂会在秋天制作。那时人们会宰杀动物来提取动物油脂。火堆中的草木灰及废弃的食用油也会被用到。

它浮起来了！

你还是被开除了。

19 世纪 80 年代，**美国制造商宝洁公司**推出了因可以浮在水上而出名的象牙香皂。在生产过程中，象牙色的皂液搅拌时会混入空气。据传说，这是因为一个工人把搅拌机器开的时间太长才偶然被发明出来的。

沐浴和健康。 从 18 世纪晚期开始，沐浴作为一种治病的方式广泛流传。水疗从 19 世纪 20 年代开始兴起。第一批现代公共浴池于 1829 年在利物浦开放。

路易·巴斯德在 19 世纪 60 的研究证明了病原微生物和传染病之间的联系。注意卫生和定期沐浴的重要性有据可依。

肥皂是如何制作的?

肥皂的成分

肥皂是通过脂肪和油，或者它们的脂肪酸和一种可溶于水的碱之间的化学反应制成的。这个过程叫作皂化。这种肥皂使用的主要是牛肉和羊肉里的动物脂肪，油大部分是棕榈树脂、椰子和棕榈仁油。最常用的碱是氢氧化钠，也被称作苛性钠，还有氢氧化钾，被称为苛性钾。这些原材料通常在混合之前会除杂质。

动物脂肪

椰子油

碱会影响一块肥皂的质地。用氢氧化钠制成的肥皂质地坚硬，而用氢氧化钾制成的肥皂质地比较柔软，常常是液体。

苛性钠

肥皂

用来制作肥皂的脂肪和油会影响它的"触感"。比如，用橄榄油制成的橄榄香皂就是因为它拥有极其柔软温和的质地而闻名。

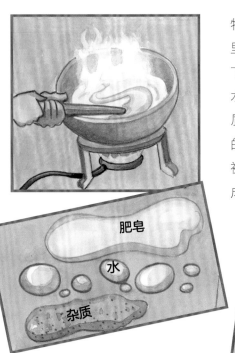

皂化过程。 第一步，把动物脂肪、油和碱在一个大容器里煮沸。油和脂肪在碱的作用下发生化学反应，产生了肥皂、水和一种叫作甘油的芳香物质。之后，甘油和未加工过的油被去除，肥皂和水再次被煮沸。这种混合物自动分成了两层。

纯皂。 顶层是"纯皂"（肥皂和水），而底层含有杂质。

尝试一下！

制作一块属于你自己的肥皂＊：
在塑料模具的内部喷洒植物油。让一个大人用微波炉将一块肥皂加热至融化。加入几滴肥皂染料并搅拌中，不要倒满。将一部分肥皂液倒入模具冷却20分钟。向模具里倒入更多的肥皂液。静置2小时。凝固变硬后，将肥皂从模具中取出。

＊ 安全提醒：在没有大人帮助的情况下，不要尝试制作肥皂。

中和作用。 有些肥皂是通过另一种过程制作的：脂肪和油被高压蒸汽分解，并产出脂肪酸和甘油。把这些脂肪酸加碱煮沸，生产出纯皂。

最终加工

搅拌。 底层被去除后，在纯皂中加入芳香剂和染料并搅拌。

切割。 一旦达到均匀的、可凝固的稠度，混合物会被切割成块。

冲压加工。 这些冷却变硬的肥皂块，会被放入压皂机中，冲压形成它们最终的形状。

过去人们是怎样洗衣服的?

在历史上的大部分时间里,人们把衣服放到河里洗,完全不用肥皂。他们有时会使用木棒将衣服上的污垢打掉。带有沟槽面的木板或石板（被称为洗衣板）渐渐地取代了天然石块。在没有河道的地方,洗衣服的工作是在热水中完成的。热水尤其是沸水是去除污垢十分有效的方法。搅棍是手洗衣服时用来捶捣和搅衣物的一根棍子。

河里洗衣服。河水的流动有助于带走衣服上的污垢。为了加速这个过程,人们洗衣服时会把衣服放在石头上摩擦或者拍打。

浸泡洗涤。每隔几个月,人们会给亚麻织品进行一次更加彻底的清洁,把这些衣物放到一种用草木灰制成的碱液里浸泡。这个过程需要花上一周的时间,但会让亚麻织品变得特别白。
①将热水倒在铺在布上的草木灰中,使其渗入桶中。
②浸泡桶里放着需要清洗的衣物。
③浸泡桶下方的洞让溶解的碱液流入下方的桶里面。
④再次加热碱液,然后多次重复这个过程。

我需要一条水流更快的河来弄掉这些污渍！

看这里！

在过去，如果河流结冰了，人们会在冰面上用斧子敲出一个洞来洗衣服，同时，立起一扇屏风为自己阻隔寒风。这样做要小心长冻疮哟。

你敢下雨试试！

晾干和晒白。 在浸泡洗涤之后，把亚麻织品用水漂洗干净，然后平铺在草地上或者放在灌木丛上，在阳光下晾干和晒白。

洗衣房。 在有些国家，洗衣服常常会在公共的洗衣房里完成。河流里的水被分流引到洗衣房里，里面有用于搓洗和漂洗的池子。

肥皂是如何帮助清洗衣服的?

在19世纪，肥皂被越来越多地用于洗涤衣物。许多人继续用碱液洗亚麻织品，但用肥皂来处理难以清洗的污渍。人们可能自己在家里用草木灰、脂肪和盐制作肥皂，当地的商店有时从大肥皂块上切下一小块卖给顾客。到了19世纪末，第一批商业化生产的、包装好的洗衣皂块开始上市销售。20世纪初又推出了合成洗涤剂。像肥皂一样，洗涤剂是一种表面活性剂，它能与油脂和水混合，但它是由合成材料而不是天然成分制成的。

我们需要找到用来洗涤的东西！

合成洗涤剂在20世纪初首次面世。当时，德国因为缺少制作肥皂的脂肪，研发出了合成洗涤剂。

不过，我还是怀念洗衣房里的八卦。

早期的洗衣机。第一台手动洗衣机出现在19世纪。轧布机（见下页）使拧干衣服更加容易。现在，洗衣服可以在家里完成，而不是在洗衣房。

利与弊。在硬水（里面含有溶解的矿物质）中使用肥皂时，容易产生皂垢，而合成洗涤剂就不会。但是这种合成洗涤剂中含有刺激皮肤的物质——洗衣服没问题，但洗手就不是特别好了。

助剂和漂白剂。第二次世界大战后，合成洗涤剂真正开始流行起来。一种叫作助剂的添加剂使表面活性剂能附着更多的污垢；漂白剂使白色的衣服看起来比以前更白（下图）。

原来如此！

轧布机，又称为绞拧机，于19世纪在美国发明。当转动手摇柄时，滚筒会挤压湿衣服把多余的水分挤出。

闪闪 发光！

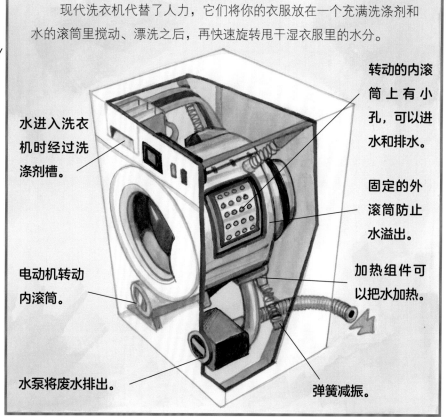

现代洗衣机代替了人力，它们将你的衣服放在一个充满洗涤剂和水的滚筒里搅动、漂洗之后，再快速旋转甩干湿衣服里的水分。

转动的内滚筒上有小孔，可以进水和排水。

水进入洗衣机时经过洗涤剂槽。

固定的外滚筒防止水溢出。

加热组件可以把水加热。

电动机转动内滚筒。

水泵将废水排出。

弹簧减振。

肥皂是如何帮助洗碗的?

直到中世纪晚期，绝大部分人还会带着他们的脏碗到河边清洗，或者妇女会用水桶打水回家洗碗。到了18世纪，用人会在厨房后的院子里，在石头水池里面洗碗，用的是水泵压出来的冷水。用人会从一大块肥皂上削下一些肥皂片，作为表面活性剂。在19世纪，新的清洁产品出现，包括砂砖（早期的钢丝球），用于刀具和铁质餐具的金刚砂粉，以及柔软温和的肥皂，用来对付沾满油渍的餐具。

女主人又招待客人了!

唉!

砂砖

1850年，**乔尔·霍顿**发明了世界上第一台洗碗机，一个可以把水喷洒到碗碟上的手摇装置，但是却没办法真正清洁碗碟。

它下一个目标要瞄准我们了!

1885年，**尤金·达坎**的装置设有一双可翻转的机械手，能够抓起盘子并放入肥皂水里。它也太吓人了!

1886年，**约瑟芬·科克伦**发明了第一台自动洗碗机。它比手动洗碗快，而且不会打碎盘子!

洗碗机。水泵把水吸进机器的底部。洗涤剂分配器打开，释放洗涤剂。然后水泵把水压入旋转的喷水臂，使水喷洒在餐具上。最后排出水，热风吹干餐具。

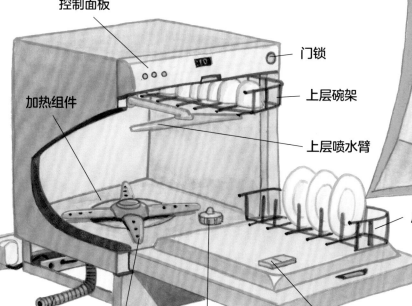

控制面板

门锁

上层碗架

加热组件

上层喷水臂

底层碗架

排水管　底层喷水臂　浮动阀门　　洗涤剂分配器
　　　　　　　　　（控制水量）

尝试一下！

手洗盘子时这样做：
将热水倒入水池并加入洗涤剂。戴上橡胶手套，然后用布、海绵或是钢丝球（针对烧焦了的食物）清洗。先从最干净的盘子开始洗，最后洗最脏的盘子。

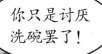

这是未来，亲爱的！

你只是讨厌洗碗罢了！

1924 年，**威廉·霍华德·莱恩斯**发明了一款家用小型洗碗机，这种设计和今天的洗碗机很相似。

20 世纪 50 年代至 21 世纪，洗碗机用**洗涤剂**的形态经历了多种变化，刚开始是粉末状的（20 世纪 50 年代），之后是液态的（20 世纪 80 年代）和凝胶状的（20 世纪 90 年代），再后来是块状的（21 世纪）。

19

洗涤剂还有哪些用途？

分解泄漏的石油

石油泄漏可能会引发环境灾难，导致野生动物死亡并且破坏海岸环境。含有洗涤剂的石油分散剂可将石油分解成小液滴，然后下沉并分散。

除了帮助洗我们的衣服和餐具，洗涤剂也帮助我们维持房子的卫生。自20世纪以来，为清洁玻璃、瓷砖、金属、地毯和室内装饰等不同表面，市面上已经出现了一整套专用清洁产品。但是我们不只是在做家务的时候才用洗涤剂，它们在一些令人惊讶的地方也有用途。

1. 洗涤剂分子的一头和油相连，另一头与水相连。

2. 海浪有助于把油分解成更小的油滴。

3. 油滴沉到海底，减小造成的伤害。

牙膏。 你是否曾经好奇为什么牙膏会起泡沫？这是因为它里面含有一种温和的洗涤剂成分，能够帮助软化和分解你牙齿表面附着的物质，这样这些物质就会被溶解并且被冲洗掉。

原来如此！

制丝工人会用洗涤剂去除裹住蚕丝纤维的叫作丝胶的物质，这种类似口香糖的物质会使它们互相粘在一起。蚕丝会被浸入一种溶液中，里面加入了碳酸钠和一种膏状洗涤剂。这样蚕丝很快就脱胶了。

等你结束了，能给我的车清洁一下吗？

消防。 洗涤剂还被用来制造灭火用的泡沫。作为表面活性剂，它们分散在燃烧物的表面，隔绝氧气。没有氧气，火就不能继续燃烧了。

汽车燃料。 人们经常在汽油中加入专用洗涤剂，以防止有害沉积物在汽车发动机中积聚。这使得汽车的运行效率更高，碳排放更低。

用过的肥皂去哪儿了？

哮喘吗？

当我们用完肥皂和洗涤剂，把携带着污垢的泡沫水冲进下水道后，它们会去哪里呢？这些水会经过污水处理系统进入处理厂。在那里，污水会被净化，然后排放回自然环境中。人们希望这不会对环境造成任何危害。

实际上，单是洗涤剂就对环境造成了很大的危害。到20世纪70年代，洗涤剂都是不可生物降解的——换句话说，它们在自然环境中无法被分解，许多河道被泡沫堵塞。因此，人们研发了可生物降解的洗涤剂，但这并不是说它们就完全无害了……

表面活性剂的作用进入下水道也不会停，它们会继续与油和水结合。

磷酸盐是洗涤剂中的一种化学物质，它能促进藻类生长。大量藻类覆盖在水面上，使水中氧气减少，导致鱼类死亡。

水中的表面活性剂会伤害鱼类，让它们的鳃无法工作。幸运的是，现代表面活性剂分解得很快，不会造成重大损害。

藻类

这里之前不是有一个不错的湖吗？

尝试一下!

我们可以通过这种方式保护环境:
- 不要过于频繁地洗衣服;
- 使用环保的肥皂和洗涤剂;
- 回收包装。

不是。这是那些讨厌的表面活性剂!

生物洗涤剂含有酶,可以更好地去除食物污渍、汗渍和泥土。

酶可以减少对表面活性剂的需求。这减少了洗涤剂对环境的破坏。

环保的肥皂和洗涤剂含有的化学成分比较少,而且不含香精、色素或增白剂这些会导致皮疹和过敏的成分。它们使用的包装也更少,这对环境更友好。

23

我们有多需要肥皂？

是的，我们需要肥皂！肥皂有助于防止致病菌感染，极大地改善了我们的健康状况，也提高了我们的预期寿命。我们可不想回到无法使用肥皂和类似肥皂的产品来清洁身体和房子的时代。想象一下，你去了一家餐馆，知道厨房没用洗涤剂清洁过，或者员工没有用肥皂洗手。这有点令人不快，不是吗？然而，我们会不会过度使用肥皂了？还有其他保持清洁的方法吗？

你绝对不想在这家餐馆吃饭！

①有老鼠。

②有蟑螂。

③脏兮兮的灶具，上面还粘着之前的食物。

④准备食材的桌面不干净。

⑤脏兮兮的抹布。

⑥脏兮兮的围裙。

⑦生病的服务员来上菜。

没有肥皂的生活。今天，一些人已经决定不使用肥皂和洗发水，只在温水中洗澡（右图）。他们声称自己的皮肤摸起来和看起来更好了，而且没有任何体味。

自然清洁？不使用肥皂的人声称，皮肤会自行产生天然的清洁油脂和有益的细菌。但是专家认为用肥皂和温水洗澡可以防止感染。

看这里！

手部免洗除菌液对消灭致病菌是非常有用的，但是它们不能去掉全部的有机物，并且可能会使皮肤变干燥。只在缺少水和肥皂的情况下使用免洗除菌液吧。

用了这个你会感觉更舒服的。

在没有肥皂的地方，有时可用**灰或沙子**作为替代品。但是用肥皂和水清洗仍然是保持清洁的最好方法。

有沙子总比没有强。

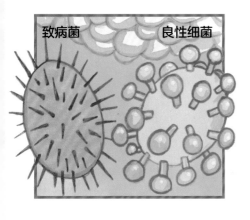

致病菌　　　良性细菌

抗菌肥皂现在很流行，但是很多专家说它们并不是那么有用。它们必须在皮肤上停留2分钟才能起作用，而致病菌可能会对它们产生抗药性。抗菌肥皂会杀死所有细菌，包括良性细菌（左图），而且它们对病毒不起作用。

25

词汇表

表面活性剂：降低液体表面张力的物质。

病毒：一种微生物，只能在宿主细胞内进行复制繁殖。

动物油脂：一种硬的物质，由融化的动物脂肪制成，用于制作蜡烛和肥皂。

分子：结合在一起的一组原子。

浮石：一种轻质火山岩，用作去除坚硬皮肤的磨料。

甘油：在制皂过程中生成的一种无色、芳香的浓稠液体。

刮身板：一种带有弯曲刀片的工具，用来刮去皮肤上的汗水和污垢。

碱性盐：一种化学物质，比如说石灰或者苏打，可中和酸性物质。

碱液：一种碱性溶液，如氢氧化钾溶液，用于洗涤和清洁。

金刚砂粉：一种黑灰色的粉末，用途是打磨、抛光或研磨金属。

抗菌肥皂：一种含有杀菌化学物质的肥皂。

酶：生物体的细胞生产的一种物质，它会产生特别的化学反应。

石灰石：主要成分为碳酸钙。水垢的主要成分也是碳酸钙，水垢是一种在管子、罐子和水壶内部的白色沉淀物，是水中的矿物质导致的。

手部免洗除菌液：一种含有杀菌化学物质的凝胶、泡沫或液体状手部清洁用品。

碳排放：二氧化碳排放到大气中。

碳酸钠：也称"纯碱"。一种化学物质，通常用于制作肥皂。

微生物：形体微小、构造简单的生物的统称。

洗涤剂：一种清洁助剂，与污垢结合后可以加速其在水中的溶解。和肥皂不同的是，它不会在硬水中形成皂垢。

细菌：一类单细胞的微生物。有些细菌会引发疾病。

皂化：本书中指将油脂与碱反应形成肥皂的过程。

赭石：一种从浅黄色到棕色或红色的天然颜料。

真菌：一类微生物，有霉菌、酵母菌和蘑菇等。有些真菌会引起感染。

脂肪酸：一种含有碳链的有机化合物，一般可以从脂肪中获得，也可人工合成。

中和：酸性和碱性物质之间的一种化学反应，生成物呈中性。

历史上爱干净的代表

古罗马

古罗马人以他们的浴场而闻名，并把这些浴场推广到了帝国的所有行省。去澡堂是所有古罗马人的日常社交活动。

中世纪的日本

日本第一个公共澡堂于 1266 年开放。澡堂包括蒸汽房和热水浴场，非常受欢迎。

阿兹特克帝国

有人曾这样形容墨西哥的阿兹特克人："他们非常整洁，每天下午都洗澡。"阿兹特克人在蒸汽房里定期沐浴。沐浴者用水、肥皂和草的混合物清洗，并用河里的石头擦洗身体。

奥斯曼帝国

奥斯曼（1299—1922）土耳其人是浴场的忠实顾客，建造了巨大的宫殿式澡堂。和古罗马浴场一样，澡堂由一间热房间、一间暖房间和一间冷房间组成。

古埃及

古埃及人把一种含有草木灰或黏土的糊状物作为肥皂使用。这种东西通常是有香味的，可以搓出泡沫。据说古埃及女王克娄巴特拉七世喜欢用驴奶洗澡。尽管人们发现了一些浴池，但大多数古埃及人都在河里洗澡。

阿勒颇肥皂

阿勒颇肥皂在阿拉伯语中被称为 sapun ghar，得名于叙利亚古城阿勒颇。这座城市靠贸易繁荣起来，最受欢迎的出口商品之一就是著名的肥皂。

古老的制皂方法

直到今天，这种肥皂还是用传统的方法制作的。橄榄油、水和碱液一起煮沸三天，然后加入月桂油。它不像其他大多数肥皂一样含有动物脂肪。将完成的混合物倒在一个平面上冷却，切成方块。然后，把它们堆放在一个地下的房间内，放置 6 到 9 个月。肥皂一开始是绿色的，但随着时间的推移，表层会变成黄色。

亲肤性

阿勒颇肥皂不仅可以用于清洗，也是一种很好的润肤霜，有助于减轻蚊虫叮咬和皮肤过敏的疼痛。由于它很温和，所以它经常被用来给婴儿洗澡。

你知道吗?

- soap 这个英语单词来自拉丁语 sapo,而 sapo 可能是从日耳曼语 saipo 一词借来的。

- 公元 2 世纪,古希腊医生盖伦推荐肥皂作为清洁用品。

- 19 世纪初,在拿破仑战争期间,英国政府通过对肥皂征税来大量增加税收。有些人为了逃税,在晚上偷偷地制作肥皂。

- 现在商店里出售的许多肥皂严格来说并不是肥皂,而是"合成洗涤皂块",或合成洗涤剂块。

- 肥皂的作用不仅仅是清洁。用肥皂擦锅底可以防止做饭时在锅底留下黑色的痕迹;如果拉链卡住了,你可以用肥皂条沿着拉链齿摩擦使得拉链变顺滑;行李箱里放块香皂可以让你的衣服闻起来很清爽。

- 迄今发现的最古老的浴缸位于地中海克里特岛的克诺索斯宫。它可以追溯到大约公元前 1500 年。

- 到公元 5 世纪时,罗马城已建有 900 个公共澡堂。卡拉卡拉浴场建于公元 3 世纪,可容纳 1600 名沐浴者。

12个我们熟悉又极易忽略的事物，有趣的现象里都藏着神奇的科学道理，让我们一起来探寻它们的奥秘吧！